境 · 家具设计展作品集

THE PORTFOLIO OF JING FURNITURE DESIGN EXHIBITION

境·家具设计展作品集

境·家具展组委会 编著

中国建筑工业出版社

前言 INTRODUCTION

家具从来不仅仅是满足人们起居坐卧的日常用具，更是社会认同，文化背景，身份地位，经济发展，时尚元素的综合体现。家具与建筑、室内及与工业生产有着密不可分的联系，同时也与人类的历史发展，文化的传承，甚至政权、民族、经济有着千丝万缕的联系。家具集实用性、技术性、文化性于一身，表达功能的同时反映着其与生俱来的社会属性、人文属性。而每一种属性都处于某种境遇之中。

“境”即环境，家具所处并具有的物理的空间特征，家具在空间中，不但受空间的影响，更对空间进行着自我的表达，不同的空间中，家具呈现出不同的含义。“境”也指意境，是一种心态，是精神层面的展现，是设计者或使用者身心的体验。而家具在环境中既是意境的体现者，同时也是表达者。

中国的家具产业曾经增长迅猛，空前繁荣，伴随着中国的经济发展取得了巨大的成功，但中国的家具设计行业并没有随着产业的繁荣而壮大。随着金融危机的到来，许多家具企业的发展遇到了瓶颈与困难。本应作为行业发展核心动力的家具设计对家具产业的贡献却是极少的，作为设计人才的输出地，高校更应该发挥不可替代的作用，而实际却微乎其微。因此，为提升中国家具设计水平，教育水平，促进设计与生产的良性的互动成为我们亟待解决的问题。在此背景下，清华大学美术学院于 2013 年 11 月举办《首届“境”· 国际家具设计展暨学术论坛》，为提升中国家具的设计水平、教育水平，提供相互交流，相互借鉴，共同展示的平台。

主办单位：

中国家具协会

中国工业设计协会

清华大学美术学院

承办单位：

清华大学美术学院环境设计系

清华大学美术学院家具设计研究所

赞助厂商：

喜临门家具股份有限公司

活动内容：

国际家具设计学术论坛、研讨会

国际家具设计展

活动策划：

张　月、杜　异、梁　雯、李朝阳、方晓风、周浩明、杨冬江、刘铁军、崔笑声、汪建松、李　飒、黄　艳、高一强、于历战

项目支持：

陈宝光、鲁晓波、郑曙旸、苏　丹、张　敢、李功强、邹　欣

策展人、学术主持：

于历战

展览设计：

刘东雷

项目管理：

郭蔓菲

媒体协调：

宫琳娜

工作人员：

黄子舰、袁　磊、姚　璐、周　芸、赵沸诺、梁应宇、温　馨、曲摩笛、丁晓玲、叶　星、朗宇杰、姚首君、晁颢毓、许　洋

形象设计：

马思远

版式设计：

曹宇哲

时　间：

2013年11月9日——15日

地　点：

清华大学美术学院

邀请院校：

中央美术学院、中国美术学院、广州美术学院、天津美术学院、北京理工大学、北京工业大学、北京林业大学、北方工业大学、中南林业科技大学、首都师范大学等

媒体支持：

装饰、艺术报、文化报、千龙网、艺术中国、视觉中国、视觉同盟、筑龙网、Interior design,furniture today、新浪家居、缤纷、雅昌、中国新闻社、中华室内设计网等

搜狐焦点家居全程报道

出版支持：

广东华颂家具集团

目录 CONTENTS

邀请展部分设计师作品

B 征集展部分学生作品

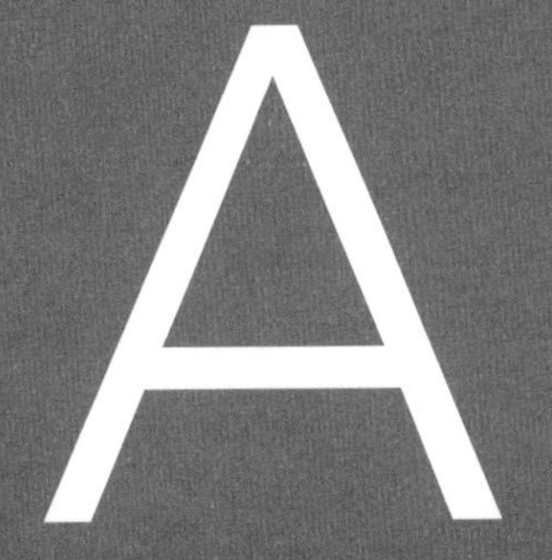

邀请展部分
设计师作品

* 本部分作品尺寸以 mm 为单位

温浩 WEN HAO

广州美术学院家具研究院 院长
中国家具协会设计工作委员会 副主任
广东省家具协会设计委员会 执行主任
广州美术学院工业设计学院家具设计工作室 主任
HAOSTYLE 高尚家具品牌 创始人
先生活品牌 总监
中国家具设计十佳设计师
CDA 中国设计奖 2012 年度设计人物

[云龙椅]

运用“非传统”的家具材料与工艺，表达“传统”的精神与意境。

云龙椅

660 × 580 × 760

铜 牛皮

广州美术学院家具研究院

邵帆 SHAO FAN

1964 年春生于北京艺术世家，自幼习画于父母。邵帆是画家，雕塑家，设计师，坚持以反当代艺术的方式进入当代艺术。

[五腿案]

用条案为借口，以中间长出的第五条腿为契机，不断调整各部分的尺度。试图达到视觉量感的极限边缘，同时触动经验心理的重新接受。

由于对物的迷恋，其实也就是我对物的内在关系的好奇心，物体内部隐藏的是什么？它们的魅力来源是什么？在对这类问题的追问中制造出了一种新关系，我把体现这种新关系的物品称之为艺术品。

因为迷恋，你无法控制你的想象。

想象带来改变，而改变是无法掌控的。

崇拜和弃置；纪念和嘲弄。

明式家具是一个自足的世界。注视它时，你试图游走其中；游走其中时，你试图重建一个你自己的世界。一切皆可以变换为新的形式，认识世界就是分解世界。

庄子曰：“以无厚入有间”。

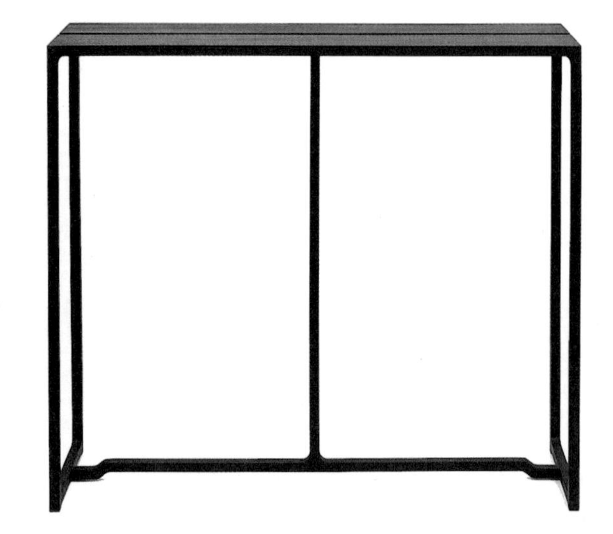

五腿案

1000 × 300 × 785

紫檀

设计师

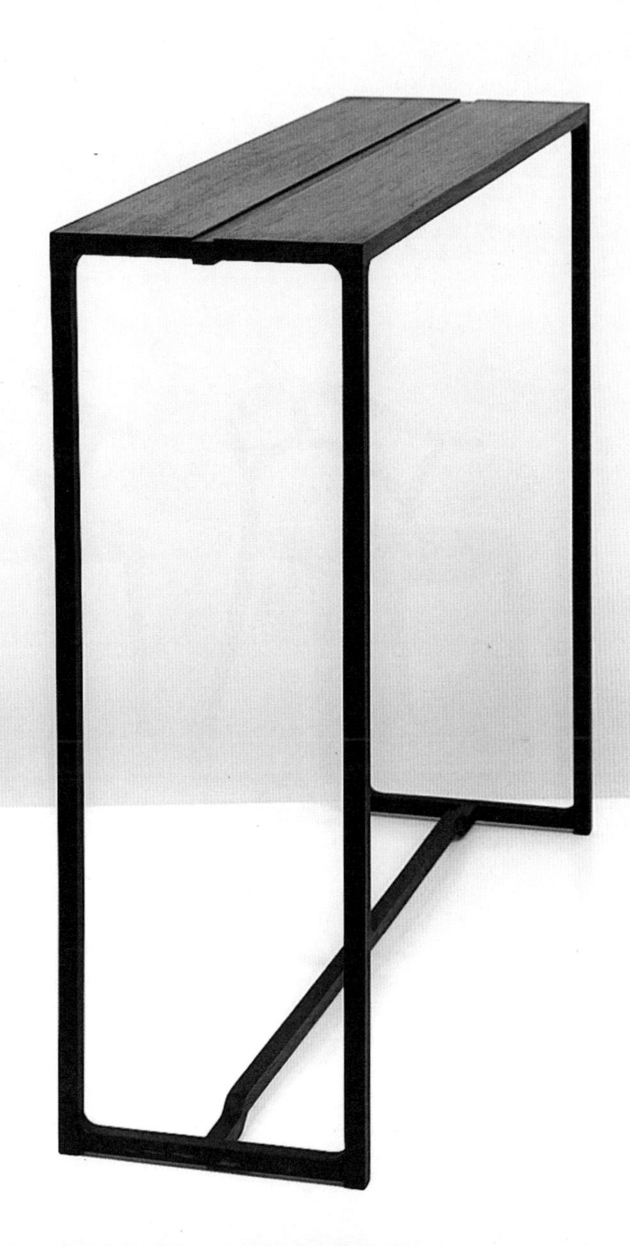

吕永中 LV YONG ZHONG

中国建筑学会室内设计分会 (CIID) 理事
吕永中设计事务所主持设计师
半木品牌创始人兼设计总监

1968 年出生，1990 年毕业于同济大学，留校任教逾 20 年，长期致力于建筑室内空间及家具设计。多样化的经验来自于对传统中国文化根深蒂固的景仰以及在实行与阐述当代设计时提出的特殊论点。2009 德国 IF 大奖中国区特邀评委，爱马仕品牌中国地区橱窗设计特邀艺术家，曾应邀参加 2010 年米兰设计周，2010 香港营商周特邀演讲嘉宾， 2011 年“CIID 中国室内设计十大影响力人物”。其作品获得多项奖项，并于国内外的媒体报道中被喻为中国独创设计力的代表。

[苏州椅]

借鉴中国明代圈椅的圆满形式,运用立体的网状结构力学，融入苏州园林窗棂、小桥、明月意境，造型轻盈秀气，正反不同视角转换间富于变化，仿佛听到了吴侬软语之评弹调。此作品为 2012 年米兰国际设计周受邀参展作品之一。

苏州椅

580×500×760

美国白蜡木 墨蓝色牛皮

上海半木轩家具有限公司

石振宇 SHI ZHEN YU

清华大学美术学院工业设计系副教授
广州美术学院设计学院客座教授
中央美术学院设计学院客座教授
中国工业设计协会常务理事
A-ONE 创新设计学研中心 董事长
清华大学艺术与科学研究中心设计战略与原型创新研究所 副所长

[现代明式椅 _ 文官椅]

现代明式椅 _ 文官椅

650 × 550 × 800

木

京派森艺术有限公司

A-ONE 工作室

石大宇 SHI DA YU

知名美籍华人设计师

1989 年毕业于美国纽约时尚设计学院 (Fashion Institute of Technology)，1992 年起任“钻石之王”Harry Winston 珠宝公司设计师，是该公司历史上首位华裔设计师。1996 年获戴比尔斯国际钻饰设计大赛大奖 (DeBeers Diamonds International Awards)，成为该奖首位华裔获奖者。同年返回台湾成立设计生活领导品牌“清庭”。“清庭”引进全球顶尖设计生活物件，提供消费者与全球同步的设计美学场所，2010 年 7 月于北京成立清庭设计中心与概念店。

[椅刚柔]

以世界坐具设计经典“明式圈椅”为题，以当代设计的精髓“可持续性”、“环保”、“减碳”及符合当代实用性和审美为改良准则，对应材料、结构、工法、生产方式、运输等环节，改进功能及舒适度，同时精简设计、运用榫卯结构，使之符合现代生活，造就史上第一张可堆叠的全竹制圈椅，重新拾回属于我国明清家具的“简、厚、精、雅”的设计风格，企图将根植于华人文化的设计思维重新定位和发扬光大。

椅刚柔

692×545×813

竹

北京清庭文创文化发展有限公司

侯正光 HOU ZHENG GUANG

英国白金汉郡大学家具设计与工艺硕士
上海木码设计机构创办人
［多少 MoreLess］设计师品牌发起人
中国家具设计委员会副秘书长
上海工业设计协会家具委员会秘书长

当设计为形式付出太多之后的必然回归是朴素和从容，这是形态的回归也是心态的回归。雅俗共赏不是鱼和熊掌。是不是该有节制的设计？面对又一把很新很设计的椅子少点兴奋多些质疑。毕竟，设计是为了需要而不只是欲望！

[三人行]

三人行必有我师，有动感的有机形态，且给予了多用途的功能，里面包含的数学之美。

[桃树]

桃之夭夭，灼灼其华。

美丽妖娆的桃树是历来文人墨客的最爱，折上一枝做成衣架岂不是更美。

桃树

800×450×1850

黑胡桃

多少 MoreLess

三人行

1500 × 530 × 550

黑胡桃

多少 MoreLess

宋涛 SONG TAO

自造社 O-GALLERY 创办人
北京 UCCA 设计委员会主席
北京国际设计周专家顾问、策展人
保利国际知名设计师作品拍卖召集人
英国 Media-ten 展览集团上海国际设计展合伙人

[天梯桌]

老榆木板已经过了上百年的风化，表面的肌理已经非常的好看，画案 / 书桌一端用了不锈钢的竹节的造型，使材质有了对比效果，寓意节节高升。

天梯桌

2260 × 750 × 1850

老榆木 不锈钢

北京筑基正昂室内设计顾问

有限公司

自造社

王昕 WANG XIN

ACF 设计产业集团创始人
ACF HOME 品牌设计总监
著名家具设计师
北京国际设计周特邀顾问
策展人

[齐眉案]

风之翼系列是 ACF HOME 向中国传统仪式感致敬的一套改良中式产品。而条案在古典家具中是一个空间的核心，没有条案甚至无法布置出一个标准的传统中式厅堂；齐眉案也同此理，它是风之翼系列中连接男性主体“风之翼沙发”和女性主体“云霓裳卧榻”的一个中心，取意“举案齐眉”，表达了现代生活中对于传统文化和家庭中融洽和睦的追寻。

齐眉案

1500 × 420 × 750

胡桃木实木

ACF 设计产业集团

师建民 SHI JIAN MIN

生于 1962 年，1982 年毕业于西安美术学校 ，1986 年毕业于中央工艺美术学院，现在工作生活于北京。

[岫墩]

爱椅

不锈钢

设计师

岫墩

460×500

不锈钢

设计师

高 G A O　Y A N G

2006 年毕业于德国慕尼黑艺术学院
2007 年至今任教于中央美术学院

[金属编织家具]

由冷拔钢加热定型弯制而成，

对金属材料在人们心中进行了

重新定义，配以不同的纯色展

示，简洁现代

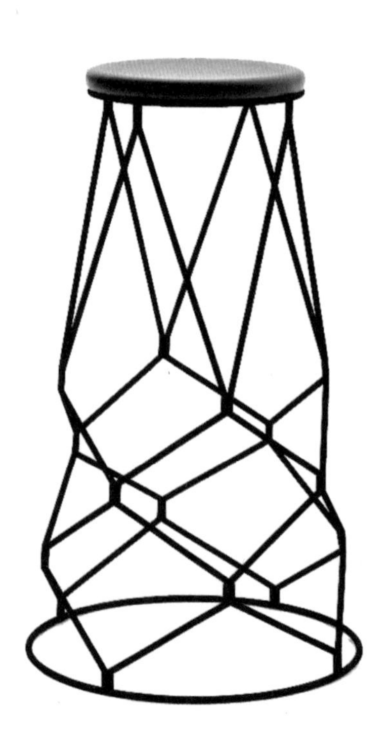

金属编织家具

400×400×800

400×400×400

500×500×800

冷拔钢

中央美术学院城市设计学院

刘铁军 LIU TIE JUN

博士
清华大学美术学院副教授、研究生导师
中国工艺美术学会明式家具专业委员会副会长
中国室内装饰协会设计专业委员会委员
韩国设计学会 ADR 国际论文出版编审

[山水系列之一]

山有了水便有了生机，水有了山变多了依靠，山中有水，水中映山。

“山水相依”试图用软木和可丽耐人造石两种材料表现山水的肌理和结构，传达东方诗意文化中生生不息的和谐之美。

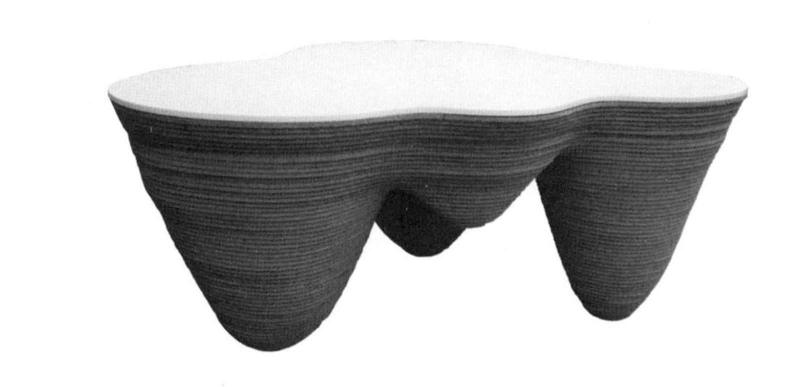

山水系列之一

1200 × 1200 × 550

软木 可丽耐

清华大学美术学院

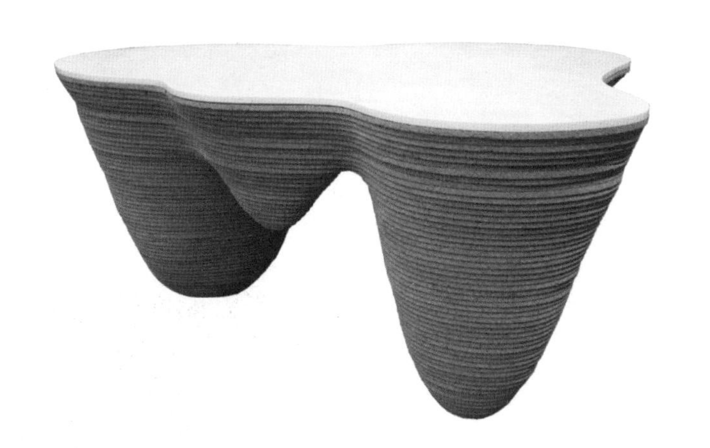

于 YU LI ZHAN

立

战

清华大学美术学院环境艺术设计系副教授
研究生导师
清华大学美术学院家具设计研究所所长
中国建筑师协会室内设计分会会员
中国建筑装饰协会会员
中国工艺美术学会明式家具协会理事
北京市高等教育自学考试委员
北京政府招投标采购中心专家评委

[M 椅]

M 椅是一款小尺度的休闲扶手椅，材料为黑胡桃木和网状织物。

功能和尺度是衡量一件家具是否宜人的重要标准，而决定这一标准的无疑是人体自身和人的行为。但现实中虚荣心、功利心、甚至公德心都会使一件家具的评价标准发生改变。更为吸引人注意力的又往往是家具的造型。这款休闲椅就是试图探讨更小尺度下人体舒适度的可能性。尽量减小的尺度完全可以提供不曾减小的舒适度，网状织物的透气性又使这款休闲椅具有了不同的体验。造型中去掉了虚饰与浮华，使这款休闲椅具有更为平实的叙事性。

M 椅

530 × 785 × 780

黑胡桃 网状织物

清华大学美术学院

赖亚楠 LAI YA NAN

著名设计师
任教于北京联合大学师范学院
著名家具设计品牌 DOMO nature 创始人

本科毕业于中央工艺美术学院（现清华大学美术学院）环境艺术设计系，研究生毕业于中央美术学院建筑学院。专业从事景观、建筑、室内及家具和陈设艺术品的设计。1998 年率先在国内提出“一体化”设计的理念，并身体力行的在教学及实践项目和各类专业设计论坛中推广实施。是国内倡导并积极实践“一体化的系统整合性设计理念”的先行者。

[手绘墨荷屏风组合]

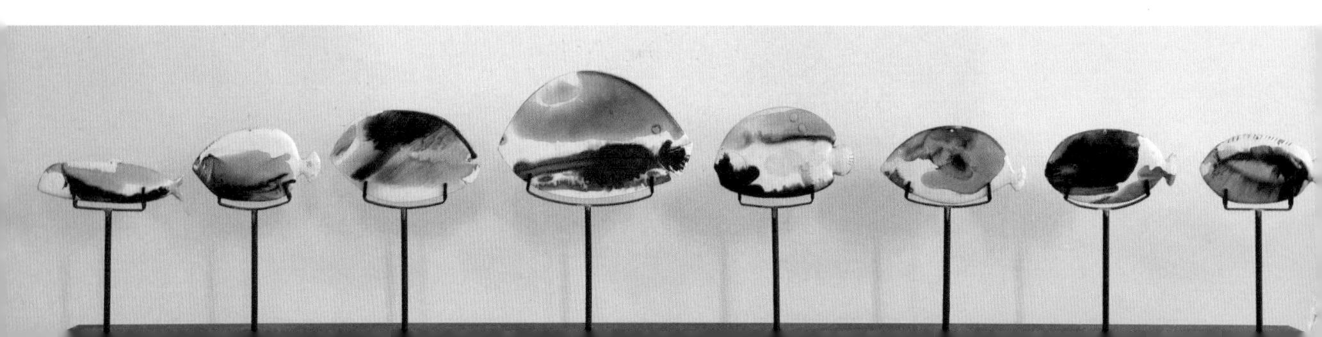

手绘墨荷屏风组合

500×50×2100

1600×300×900

400×430

不锈钢 绢布 花梨 金属

不锈钢 大理石

DOMO NATURE

崔笑声 CUI XIAO SHENG

清华大学美术学院环境艺术设计系 副教授
研究生导师
博士学位
中国建筑学会室内设计分会会员
中国工业设计协会室内设计委员会委员
中国工艺美术协会会员

[隐香]

隐香

2000 × 900 × 800

650 × 650

1500 × 600 × 850

木

清华大学美术学院

高一强 GAO YI QIANG

1972 年生于哈尔滨
毕业于中央工艺美术学院（现清华大学美术学院）工业设计专业
清华大学美术学院 工业设计专业 硕士

[随隙]

“随隙”如水随隙，如风随隙，如香随隙，如影随隙，… “隙”，就在我们生活的每个角落；“隙”无形，一如每个精神和情感瞬间；“隙”有形，例如我们购入的衣食住行的各种器物。

“随隙”推崇一种淡然、随性的生活态度；是从容、自然、自信；是不虚妄、不骄纵、不盲从。

“随隙”系列家具是传统的孔明锁组合方式的演绎和延展。它摒弃一切多余的装饰，只利用一个关键的结构件，不用钉子和螺丝，完全靠自身结构的连接支撑，通过调整这个结构件的延展长度及宽度，以模块化的方式构筑出不同使用功能的家具产品。

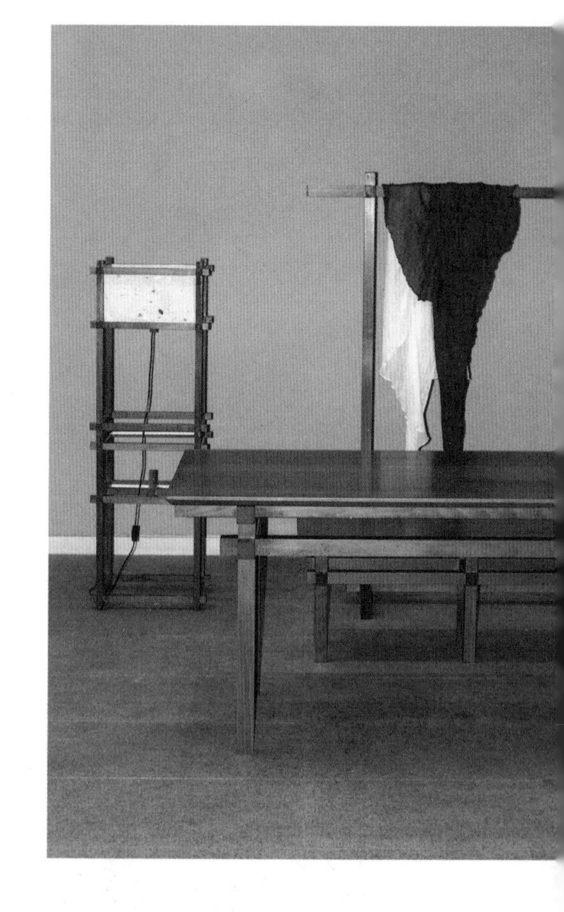

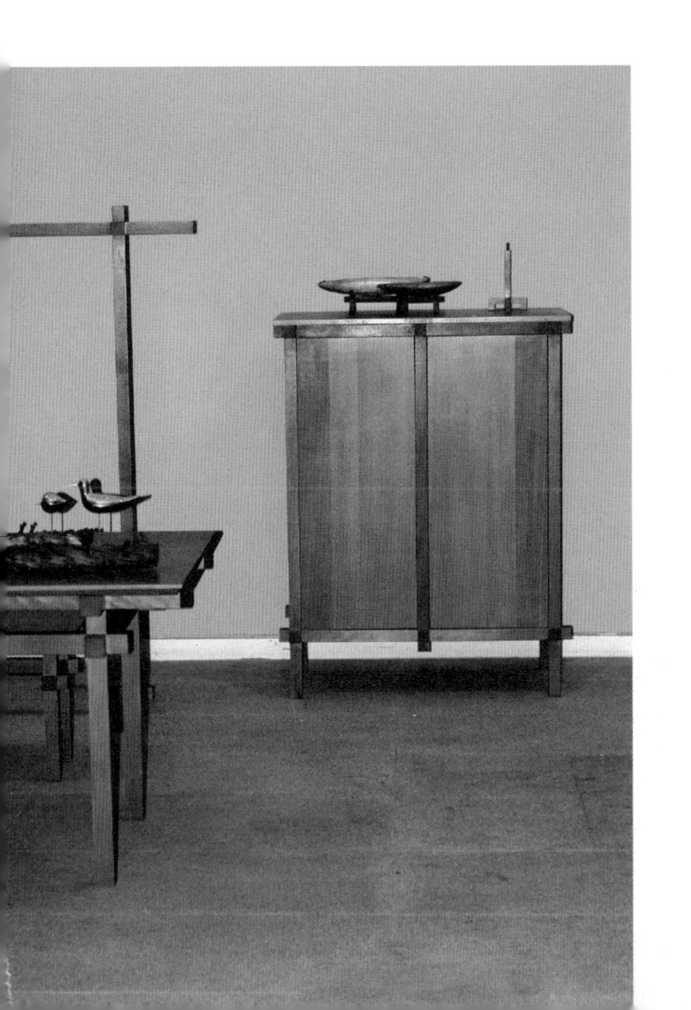

随隙

1800 × 800 × 780

榉木

清美家具

杨 YANG FAN

番

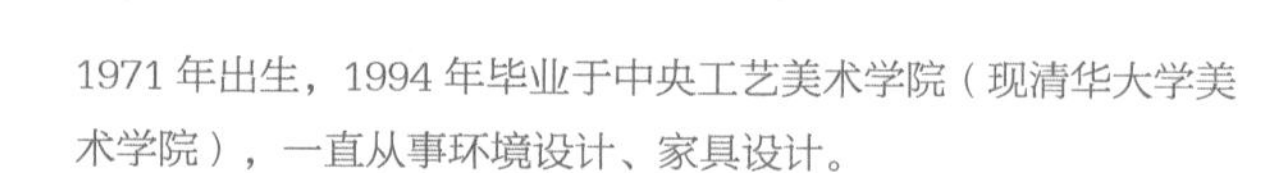

1971 年出生，1994 年毕业于中央工艺美术学院（现清华大学美术学院），一直从事环境设计、家具设计。

[螭几]

螭是古代传说中的一种没有角的龙，形体似兽， 龙九子中的二子。螭是水精，可以防火，建置于房顶上以避火灾，习性好登高望远，好险，有镇宅的作用。螭的原形应该是我们生活中的壁虎。螭几既是茶几又是长凳。

螭几

2000×1100×500

不锈钢

设计师

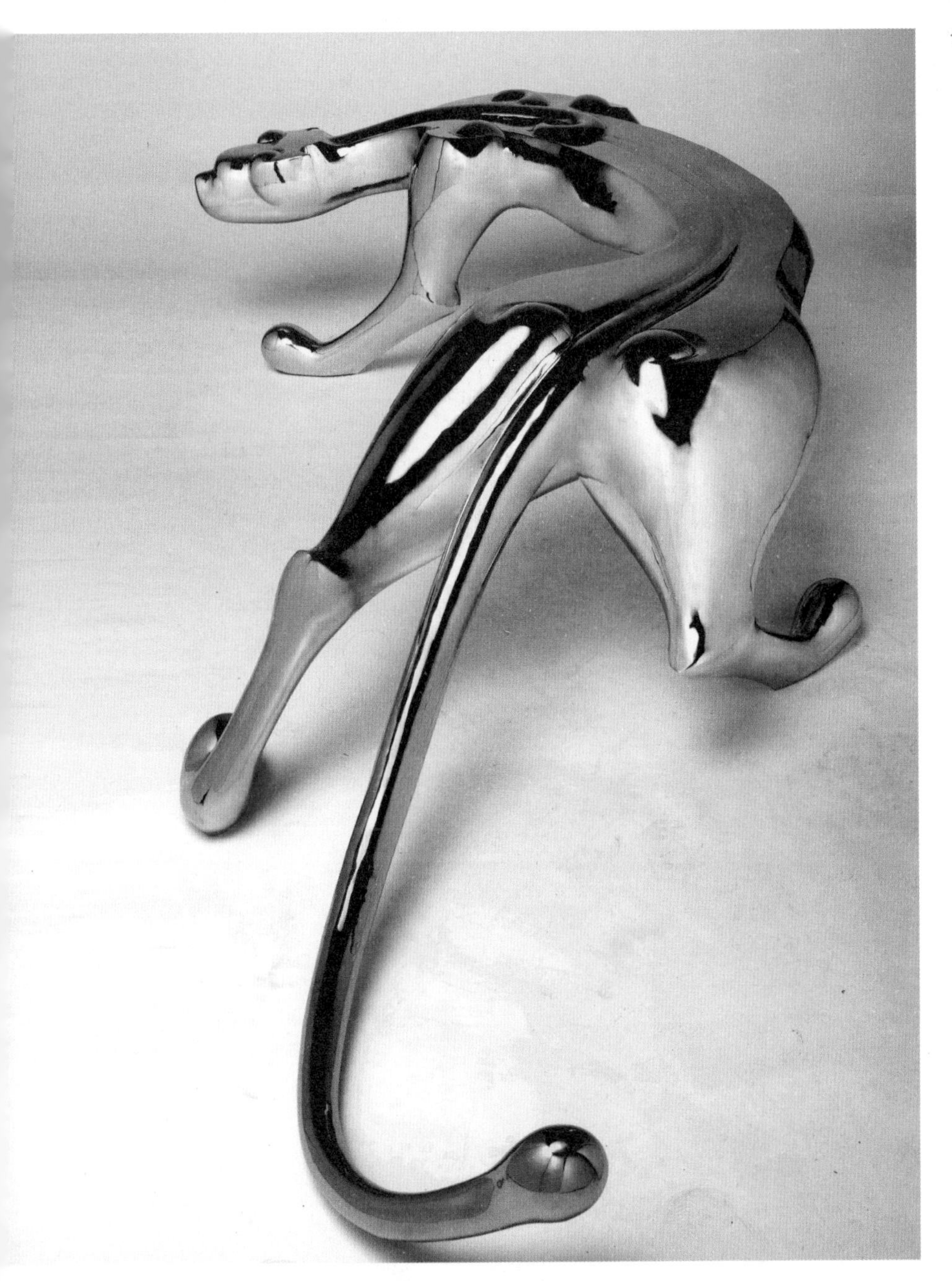

冯 劢 FEGN MAI

法国艺术家协会会员

中国工业设计协会会员

Mai Design 设计工作室创始人

2011 年至今任教于中央美术学院城市设计学院家居产品设计系

[生态地平线 _ 冰川]

利用工业化生产的树脂压合板材的坚韧、防水性能，结合传统木榫插接结构完成了现代生产加工工艺与传统结构智慧的对话。

在具有收纳功能的产品造型结构上表现对现代人类生产发展衍生问题的反思。

冰川：随着地球变暖造成的冰川融化，一些极地动物的生存空间在缩小，生存方式在被动转变。一些北极熊因为没能及时回到陆地而葬身海洋。

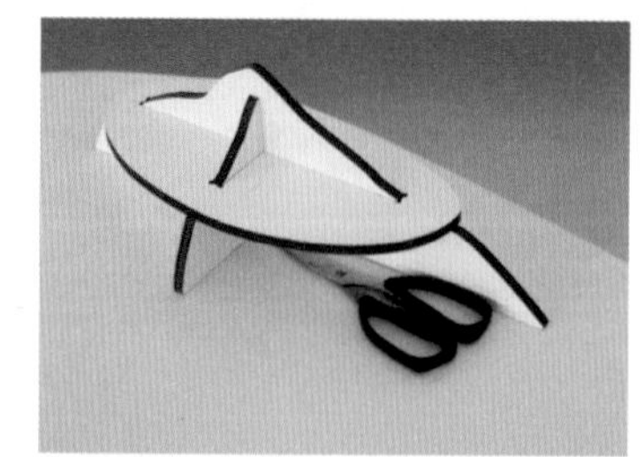

冰川

1500×600×720

树脂板

中央美术学院城市设计学院

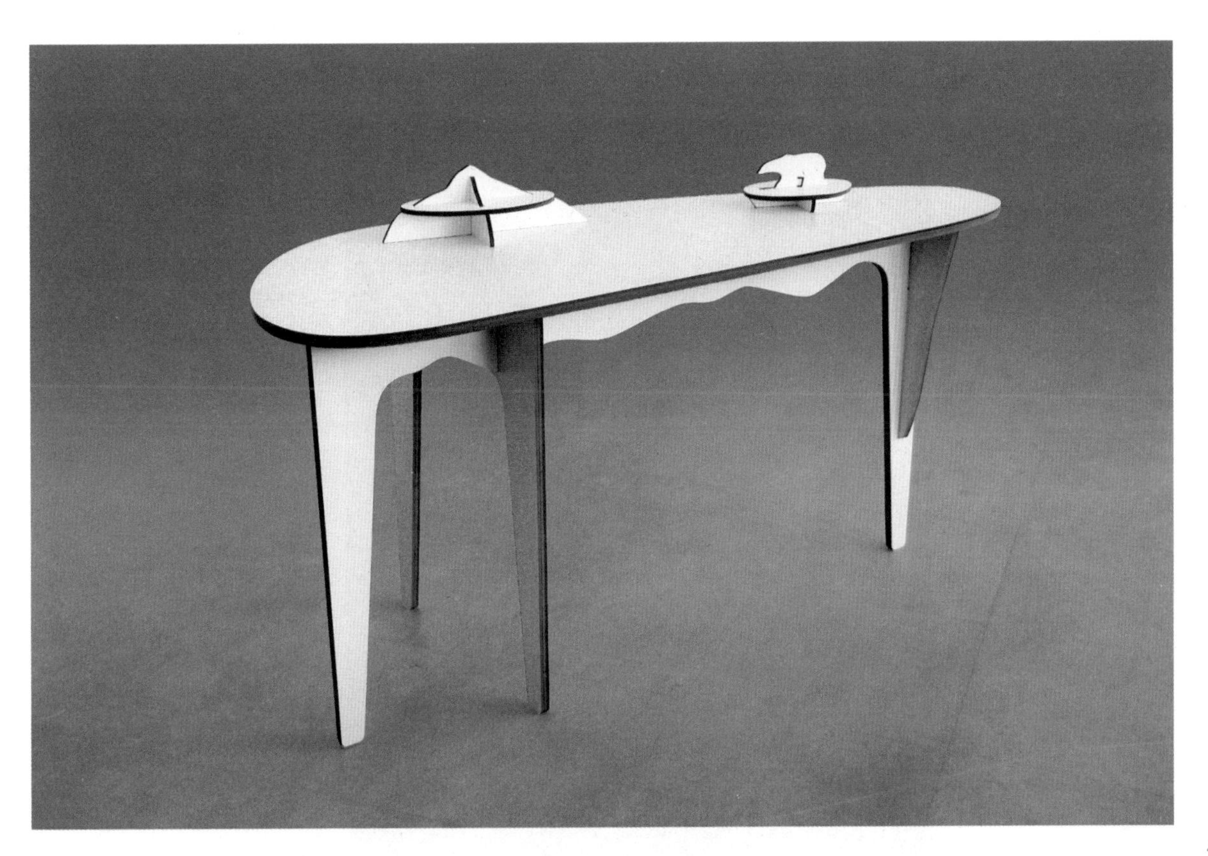

萨日娜 SA RI NA

1980 年生于内蒙古呼伦贝尔，蒙古族
现任中央美术学院城市设计学院教师

[怀藏]

这组作品主要探讨的是家庭物品——家具的叙事性，家具在被使用者使用后记录和保留了使用者的很多痕迹，这些痕迹如同无形的时间胶囊一样会把信息传递给下一个使用者。我把每一件家具设定为一种盒子，使用它的人可以把某些东西藏在里面直到下一个使用这个家具的人发现。

怀藏

400 × 500 × 300

600 × 500 × 400

1200 × 350 × 850

不锈钢 木

中央美术学院

姚健 YAO JIAN

北京理工大学设计与艺术学院环境设计系副教授 硕士生导师
毕业于清华大学美术学院，获硕士学位；中央美术学院在读博士研究生，曾先后公派赴日本和英国访学。
中国工艺美术学会 会员
中国明式家具学会 理事

[空椅]

站在当代语境下追思怀古应该是我们对待传统的基本态度。这个椅子的设计是基于明式家具的构成方式，但是并没有遵循传统的建构逻辑，力学结构形成戏剧性对接关系的同时带来内部空间的多义性，使椅子在不同维度的视角下显现出微妙的变化。牛皮和硬木的质感对比丰富了坐者的感官体验，并适应了现代人所追寻的舒适度。

空椅

740×580×780

花梨木 牛皮

北京理工大学设计与艺术学院

孙焱飞 SUN YAN FEI

2002年10月至2007年4月于德国萨尔河造形艺术学院（HBKS）获得硕士学位，产品设计专业。2007年10月至今任教于中央美术学院城市设计学院。

[禅修]

发觉竹之自然之美，利用传统竹工艺方式，呈现手工工艺之美，创造都市自然生活。

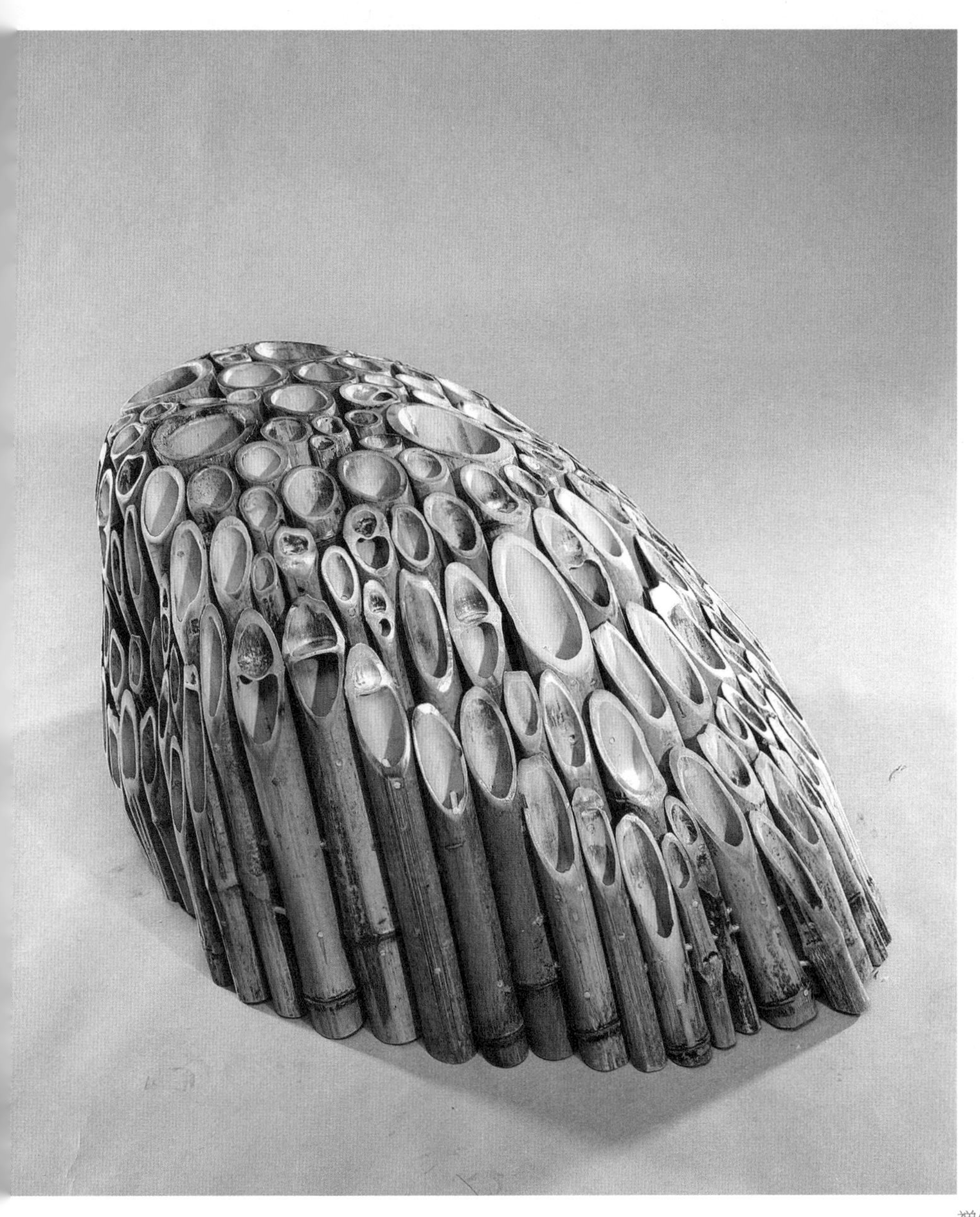

禅修

400×800×400

800×800×600

竹

中央美术学院城市设计学院

李笑寒 LI XIAO HAN

2001 至 2005 年于清华大学美术学院就读本科
2005 至 2007 年于清华大学美术学院就读研究生
2007 至今任北京理工大学设计艺术学院环境艺术设计系教师

[融合]

“融合”椅创意来源于对正负两种不同存在形式的思考，正如阴阳一样。互补的两个个体往往也同时拥有着彼此的属性，不过它们始终都是矛盾却又交集的。这正如同“融合”系列中的两把椅子，让人恍惚觉得它们融合却又分裂着存在于一个矛盾却又和谐的情境中。

椅子的构造参考了中国古典家具的部分特点：构件上的榫卯结构使得椅子方便拆解，同时组件也可更新，这样“融合”椅就拥有了更为灵活的使用方式。作为椅子它与使用者之间存在着两种不同的对话：拆解再组装之后的两个木台可以组成一个几的整体；当然你也可以分别把它们变成椅子和几，因为它们本身就是相互依存的。

融合

550 × 550 × 800

实木

北京理工大学设计与艺术学院

袁进东 YUAN JIN DONG

中南林业科技大学副教授 硕士生导师
家具学院产品设计教研室主任
中国家具协会设计委员会委员

[禅椅系列 一、二、三]

唐代皎然《闻钟》诗："古寺寒山上，远钟扬好风。声余月松动，响尽霜天空。永夜一禅子，冷然心境中。"

作品材料采用老榆木与速生杨木结合，并结合传统席面编织工艺制作而成，专为有坐禅打坐之需人士定做。

禅椅系列一、二、三

865 × 680 × 800

810 × 680 × 800

榆木 黄杨木 棕编 藤编

中南林业科技大学

家具与艺术设计学院

丁嘉明 DING JIA MING

广州美术学院工业设计学院家具设计工作室 讲师
广东省家具协会设计委员会 委员

大学毕业于广州美术学院并留校任教，硕士毕业于武汉理工大学，早期在集美公司从事平面设计、展示设计、产品设计，大学扩招后回到教学岗位。

家具与文化、生活是一体的，未来将以“融合　共生”为理念，关注、探究现代家具的设计。

[新明椅子]

命名为“新明”的是一把以“融合·共生”为设计理念的椅子，“东方韵味的现代感”，“简约的外形”是它的两个基本诉求，搭脑顺着扶手一直延伸到椅子脚部，形成洗炼考究的造型，勾画出独特的外观，个性化的靠背、微微的弹性可以使人舒服地靠着，作品力求将现代人对舒适愉悦的触感体验融入到传统经典的风格之中。

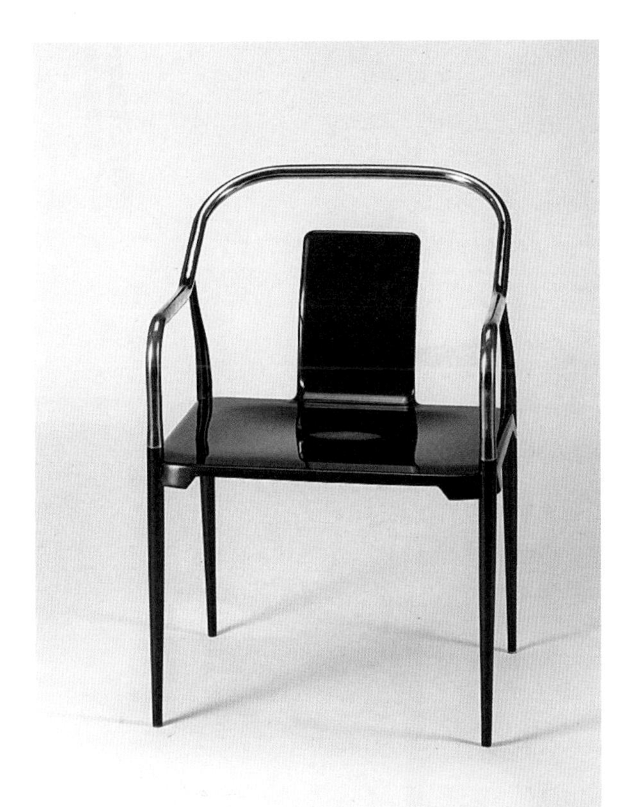

多功能拼椅

565×556×820

碳纤维 铜

广州美术学院家具研究院

陈大瑞 CHEN DA RUI

1978 年生人，毕业于清华大学美术学院工业设计系，现工作居住在北京。
2009 年创建个人设计工作室。
2010 年成立原创家具设计品牌 Maxmarko。

[春秋椅]

该设计可作书椅，亦可作为客厅沙发的补充。设计者有意保留明式椅的基本圈型，但在细节处做了全新尝试：将传统明式椅的圈框扶手与底部连接处的立撑结构精简为长条形薄片与 T 型背板的结合，使得作品更为精致优雅；扶手弧度与触感更为细腻，可拆卸的皮质背垫，使主人倍感生活“有扶有靠”。

春秋椅

770 × 770 × 870

核桃木 金属配件 皮

北京玛可木美家具有限公司

[青纱]

传统中式屏风大都有山水和人物的艺术绘画或雕刻，实用中渲染着家的艺术氛围。青纱屏风设计，利用天然的核桃木肌理，及木材本身的残缺裂纹完美营造出中国传统泼墨山水的写意之美，每个屏风单片都可以进行旋转，明与暗，虚与实，宛如空间里一道青纱。

青纱

2040 × 400 × 1800

核桃木 金属配件 皮

北京玛可木美家具有限公司

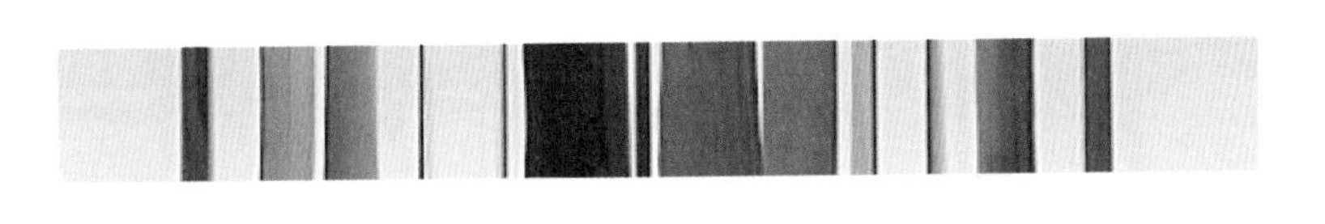

武巍 WU WEI

德国红点（Red Dot）设计大奖获得者
北京工业设计促进会理事
中关村工业设计产业协会副会长
北京市科委“创新提升计划”专家评委
2008 年度 \2010 年度十大杰出设计青年提名奖
“中国工业设计论坛”设计之星
原方正科技设计总监，方正集团技术专家
曾任英国皇家艺术学院研究生课题项目指导
2010 年应邀担任中国工业设计师职业资格认证专家

["明"系列条案]

从传统明式家具中提炼关键的特征要素进行简化和再设计，在现代简洁与中式厚重间取得了良好的平衡。造型古朴简洁，圆润优美，其支撑方式汲取了明式霸王撑的结构方式坚固而稳定，而支撑造型上更具自然主义风格。功能多样实用，可通过灵活的搭配实现多样的组合，满足不同的家居需求。材质采用黑胡桃木，表面环保无色木蜡油涂装，突显木材自然纹理之美。

"明"系列条案

1830×360×770

北美黑胡桃

北京素元创意机构

肖天宇 XIAO TIAN YU

2010 年中央美术学院 D9 家居工作室毕业，现为独立设计师。其毕业设计“融合”系列初现设计风格，是北京设计圈的年轻新兴力量。在其从事家居设计的几年时间内，中国传统风格贯穿始终，致力于找到本土文化和自我特色更好地融合方式，也在学习传统手工艺的过程中找寻多种可能性。他的作品大多扬弃纷繁复杂的装饰，找寻给予使用者全然朴素的大器感。

[无极]

在《无极》中，可以看到中西方典型家具的交汇与碰撞。明式家具的正襟危坐与西式沙发的慵懒舒适，以两种迥异的坐感同时出现，让使用者直观体会到不同文化差异。设计师意图表达向传统致敬的同时，让传承超越模仿，不断演变，真正发展并提炼出一种现代生活方式。

无极

900×750×530

800×800×750

黑胡桃 榆木 软包材料

设计师

周 ZHOU CHEN CHEN

宸

宸

曾随意大利资深设计师 MARCELLO BENNATI 先生从事独立设计事务，学习欧洲现代家具设计理念及研发方法，对细节进行反复研究与试制，敢于突破创新。其间，与欧洲高端制造企业保持合作关系，先后成为 POLIMODA、PLANETA BUNGALOW、HOUSE DESIGN 的设计合作团队。并与数个国内大型家具企业合作，提供全面的现代顶级工艺、结构以及机械设备的技术支持。

2012 年初成立个人工作室，并崭露头角。直接入选法兰克福家居展的 Tanlents 单元。凭借成熟度较高的设计作品，迅速被媒体及厂商所接受。随后获得 80 杰出华人设计师及 CDA 年度新锐等荣誉。

[刀锋椅]

现代感极强的线条，像剃刀一样锋利，但简洁的结构又令其隐露锋芒。惊艳却又令人回味。选用特级的硬木及座面下面合理的结构，保证了椅子的使用强度。

刀锋椅

600 × 500 × 500

Ash 白蜡木

周宸宸设计工作室

徐泽鹏 XU ZE PENG

2006 年毕业于中央美术学院
2006 至 2011 年职业家具设计师
2011 年起任教于中央美术学院城市设计学院
2012 年创办“知.行”家居品牌

[Grand piano 系列_钢琴沙发]

以东方人‘天人一体，物我两忘’的审美观为切入点，旨在努力营造如轻音乐 ' 行云流水般 ' 的温馨、宁静之家。

钢琴沙发

3400 × 950 × 780

木 皮革 海绵

中央美术学院城市设计学院

温京博 WEN JING BO

高校教师、旅德学者、新媒体艺术家，毕业于清华大学美术学院，留学德国卡塞尔艺术学院学习新媒体艺术，德国华人艺术家协会会员，北京美协会员，入选北京青年英才项目，作品多次参加大型新媒体展览、艺术节。现任教于首都师范大学美术学院新媒体专业并创立海市蜃楼广告传媒有限公司。

[空间侵犯]

人们常用“亲密无间”、“形影不离”等词句来形容情侣、朋友之间的关系，实际上只有保持适度的距离，才能更客观、更准确地相互观察对方。美学上有句名言：“距离产生美”，人与人之间如果想保持和谐相处，也需要保持一定的空间距离。靠得太近，容易给彼此造成威胁，这种现象在心理学上叫“空间侵犯”。我试图用两把交织的椅子去探讨人与人之间彼此的距离、人与人之间的关系。

空间侵犯

600 × 1000 × 1300

实木

首都师范大学美术学院

苑金章 YUAN JIN ZHANG

1979 年高中毕业后在山东省乐陵市文化馆做美术创作
1985 年在乐陵市木制工艺厂做设计工作
1987 年来北京师从陈增弼先生学习家具设计
1989 年到北京市可名家具厂工作，1996 年任厂长至今
1992 年设计北京人民大会堂新疆厅大厅家具
1994 年设计北京人民大会堂湖南厅家具
2010 年创立金叵罗家具设计艺术工作室

[古板铁架案]

这块外形相对完整的板子，历经 2000 多年油漆尚好，且局部光亮如新，承载了大量的历史信息，应尽可能完整地保护使用。选择与其不同质感的铁板做支架，用舒展且富弹性的曲线在铁板上开光，在外轮廓刚硬挺直的同时，内部空间也有了一丝柔美。既突出了材质的软硬、冷暖对比，又可协调、融合。更彰显出金丝楠木板的古风。准确定位了板架各自的角色，相互衬托，气聚神凝。

古板铁架案

2328×675×780

古金丝楠带漆木板

6mm 厚铁板

金叵罗家具艺术工作室

宫琳娜 GONG LIN NA

“GONG-XI”品牌创建人。

清华大学美术学院硕士学位，主修产品设计中的CMF。清华大学美术学院CMF创新实验室 项目主管。致力于产品中CMF（色彩、材质、表面处理）的研究与探索，并把这种理念带入到家具、家居设计中，尊重材料的特性，善于利用材料的性格特征进行再设计，把人的五感（视觉、触觉、听觉、嗅觉、味觉）与设计相融。与美国杜邦公司进行合作，对其旗下明星材料产品 corian 进行再设计，将材料从原有领域中解脱出来，与中国家居理念相融合。

致力探索家具中的“景”，建造家居中的“境”的设计理念。

[靠山]

有地上之山水，

有画上之山水，

有梦中之山水，

有胸中之山水。

地上者妙在丘壑深邃，

画上者妙在笔墨淋漓，

梦中者妙在景象变幻，

胸中者妙在位置自如。

家具要“用”，要“赏”

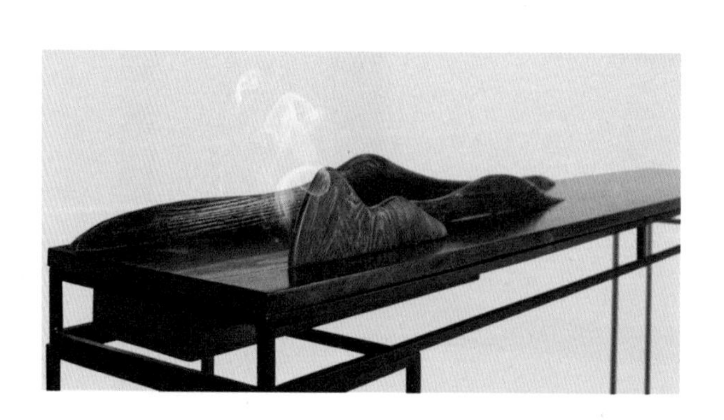

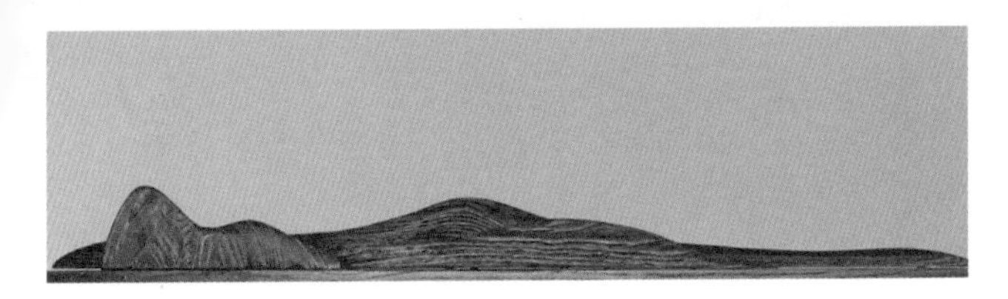

靠山

420 × 380 × 1245

1500 × 260 × 1165

金属 榆木

设计师

张强 ZHANG QIANG

生于 1968 年，自由设计师。

恒昙·木言新文人家具原创品牌发起人之一。
由一个书者、画者、设计者、思索者，最终回归到民艺的行列。凭着多年的文化积淀与设计实践，将传统书画、建筑之美韵融入作品，崇尚空灵简约，与自然会话。实现具文人气质的新中式家具。“传承、传神、传世”的理念贯穿于设计及实现之中，希冀作品能“藉美于今，传美与后”。

[子慕系列_琴案、花几、香几]

释：《楚辞》中《九歌·山鬼》既含睇兮又宜笑，子慕予兮善窈窕。取子慕二字，愿美的姿态能够让你喜爱。

形：子慕系列香几高低丰瘦不一，造型洗练，取古典家具中直腿内翻马蹄元素，苍挺又不失灵动。崇尚文人质朴之风，舍弃浮夸造作，回归自然璞真。凸显木材本身的纹理，仅以圆方线条追逐东方文化滋养之大美。

用：香几之用，或为供器，以承祈问之香。或为几台，置文房雅玩之物。如遇高几，亦可伴花尊，以插多花，或单置一炉，搁瑞脑之香。

材：因其形态选其材质，黑檀肌理紧密，切面显出黑色山行条纹，含蓄而不张扬，无疑是最好的装饰元素。黑檀硬度大，光泽好，但生长缓慢，出材率低而格外珍贵。

制：木工师傅取材小心合理，使每块木材都能木尽其用，构件组合线条变化间都彰显斧斤之拙的严密榫卯工艺。整体观感动静结合，且结构稳固。

文人与巧匠的碰撞所产生的化学反应，其中渗透着文雅的秀丽体态与浓浓的书卷之气！

恒昙・木言之子慕系列

520×380×800

380×380×1020

1120×380×680

东非黑黄檀

南通通派木器制造有限公司

何传友 HE CHUAN YOU

曾于美国读室内设计专业，回国后从事家业，以设计家具为主，由于有幸从事古典家具，对木头有一定认识，另外，也监制过卡迪亚出口沙发并同时参与意地亚沙发研究，对沙发制造也有一点心得，于国内从事家具行业二十载，从家具制造到市场深有体会。

[多功能拼椅]

主要特点在于可多次拼合，以达到具有不同的家具功能，完美地实现现代家居与古典红木的双结合，使其灵活性和功能性大大增加。

多功能拼椅

600×400×600

花梨木 磁铁

丰家具有限公司

周洪涛 ZHOU HONG TAO

1978年出生于吉林延边，2001年获东北林业大学室内与家具设计专业学士并留校任教，2005年获得家具设计学硕士学位并获全额奖学金赴美留学，2008年获美国普渡大学家具设计学博士学位，2011年获威斯康星大学造型学艺术硕士学位（MFA美国艺术设计学最高学位）。现任美国夏威夷大学助理教授、博士生导师、建筑学院美术馆主任。主要从事艺术设计学科的研究和实践，获得多项国际设计和艺术奖项，作品被专业机构展出和收藏。

[变脸椅]

“变脸椅”的最初灵感来源于川剧变脸技法。开始只是一个简单的想法，在对比脸的基本构造、家具的基本结构和数控机床的简单操作后，这个想法逐渐成熟，变为现实。作为设计师和艺术家，这是我第一次尝试混合平面设计和家具设计两个概念。

作为一件互动作品，它具有嬉戏的成分。作为可持续设计产品，它加工、包装、运输都比较容易，而且没有任何连接件，使用单一可再生材料。再加之其蕴有二维到三维、平面到功能的转换以及川剧的文化色彩，变脸椅丰富了设计的趣味，增加了坐的意境。

这个设计可以作为墙面的饰物悬挂，一张张无辜的脸孔并不透露任何玄机，却可以在转瞬之间变脸成为座椅。

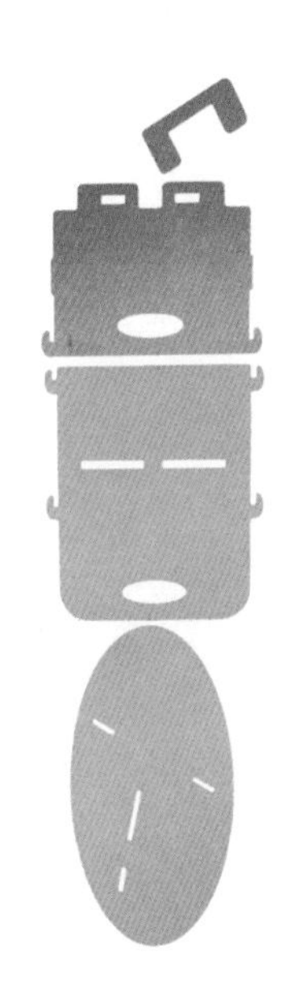

变脸椅

1000×550×600

波罗的海桦木

美国夏威夷大学建筑学院

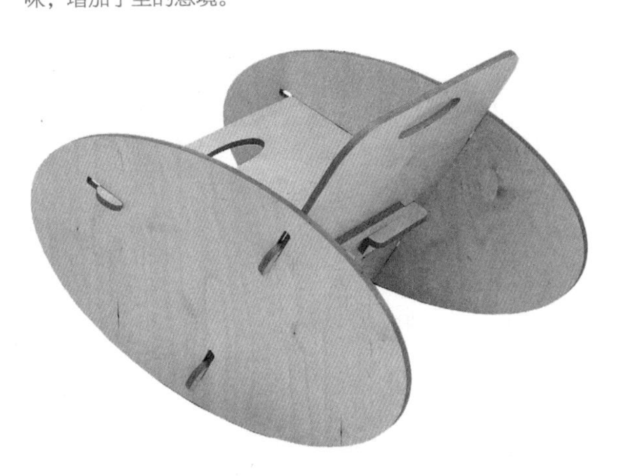

约里奥·库卡波罗

YRJO KUKKAPURO

20 世纪大师中获奖最多的设计师之一，在 20 世纪下半叶的 50 年间，他几乎获过国际国内有关室内和家具设计的所有著名奖项，达 40 种之多。他的主要教学活动是在赫尔辛基艺术设计大学室内与家具系和赫尔辛基理工大学建筑系。1988 年他被芬兰总统授予"艺术教授"这一最高艺术称号。

[Karuselli 卡路赛利]

"卡路赛利"诞生于 1964 年，是约里奥·库卡波罗大师最经典的一款座椅。他用玻璃钢与皮质材料完美地解释了"卡路赛利"超现代主义的设计特点。人体构造与人体美感是"卡路赛利"外形设计的灵感所在。

该设计从诞生至今已有半个世纪了，却依然在全球得到推崇和认同。

Karuselli 卡路赛利

1010×820×950

玻璃钢 真皮 不锈钢

上海阿旺特家具有限公司

B

征集展部分
学生作品

*本部分作品尺寸以 mm 为单位

[叁]

竹有竹的性格，木也有木的个性。它们既有其相似性，也有其各自的优缺点，当竹材以其有韧性的优点跟木材擅长的框架结构相结合的时候，这两种材料赋予了椅子特有的造型语言。作品“叁”，是我第三阶段的思考与尝试。

叁

蔡骏星

470×490×740

竹 木 毛毡

广州美术学院家具研究院

“境”家具设计展一等奖

[Chairs]

“chairs”是由明式圈椅为灵感设计而来，对传统物件的研究，尤其是对明式家具圈椅的研究，从中找到对于生活的契合点，表达对于传统文化精髓的延续，同时也是对于现代生活方式下的一种再设计尝试。结合对当代设计的理解，更多面对的是自然资源消耗的考虑，设计的简洁，人工的低消耗，强烈的生活感。尝试一种设计不是为了表达产品的价值而存在的，而是为了表达生活而存在的状态。制作上利用板木的方式呈现。就是希望通过这种方式，结合传统家具的特点，尝试一种对传统再设计的理解。

Chairs

谢 京

790×540×510

黑胡桃木 白橡木 楸木

中央美术学院城市设计学院

“境”家具设计展二等奖

[Jenga]

家具的灵感来源于时下流行的桌游 Jenga，名称来源于斯瓦希里语，意为“构建”。在游戏中，玩家交替从积木塔中抽出一块积木并且使其平衡的放到塔顶，去创造一个不断增高，越来越失去根基的积木塔，直到积木塔倾倒。家具 Jenga 是一客厅用互动茶桌，由 9 个相同尺寸的抽屉组成，可以四面抽取，不同人使用会呈现出不同的面貌，直接体现使用者的行为状态。同时借鉴中国古代药箱的造型语言，做出真假柜门难辨的视觉效果，使得初次体验 Jenga 柜的人得到意想不到的互动乐趣。

Jenga

郭蔓菲

752×752×782

榉木

清华大学美术学院

“境”家具设计展二等奖

折纸效应

李文婷

400×400×400

金属 纸

中央美术学院城市设计学院

“境”家具设计展三等奖

[折纸效应]

“折纸效应”是工艺折纸应用到家居产品设计的一次尝试，取材于已有的折纸形式，结合到产品设计中。关于折纸有一个说法叫折纸效应。假如手里有一张足够大的纸，对折 51 次，它的厚度超过地球和太阳之间的距离。折纸不是简单地叠加，它具有包容整个宇宙的力量。

作品是一系列通过折叠两种平板材料而成的凳子。每个凳子都由一张材料折叠而成。利用几种相似的折叠结构，使用瓦楞纸、金属板两种材料加工，纸的优势是轻便，成本低，环保，可塑性强。金属的折叠使产品更加持久耐用，在折叠的痕迹上打上直径 5mm 的圆孔，摘掉材料多余的力，由此带来的新的形式感也让人惊喜。

颜色选用明快类型的色彩，体现折纸的清新与愉快，发现“折纸”家具的魅力。

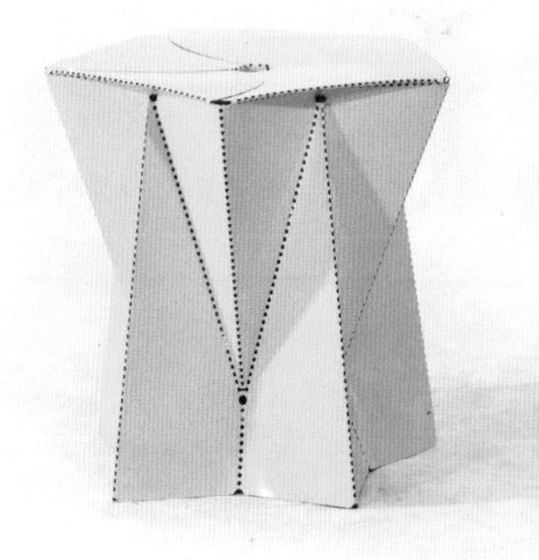

简明

周子采

500×600×900

金属

中央美术学院城市设计学院

“境”家具设计展三等奖

[简明]

工业语言重述明式简约理念，增强现代感，融入当下生活空间。

这是一款随着婴儿成长而“成长”的儿童家具，整个设计由最初的两个弧形板和四根长棍型支架、若干长条木杆及五金件所组成，通过这些简单的构件，可以组合成多种不同的形态，供不同年龄段儿童使用。这一“成长”的理念，不仅延长了材料与产品的使用寿命，而且可以达到同一产品多功能使用的目的，降低使用成本，具有很好的可持续效应。

成长的宝贝

陈静 吴雨练

810×400×850

770×810×300

木或竹成材 金属

清华大学美术学院

“境”家具设计展三等奖

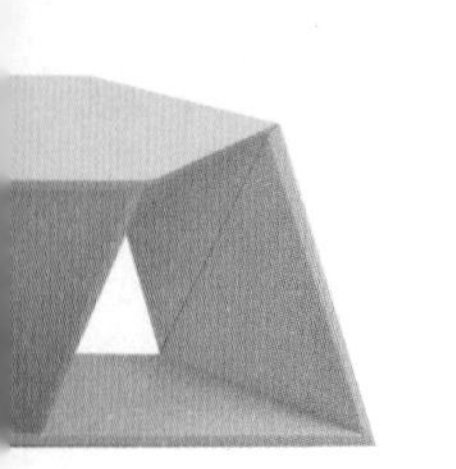

[Variety—图形模数在家具设计中的运用研究]

现在的传统图形模数家具多是以形态规整，造型变化相对单一的形态出现，所以我的设计就希望通过新的基本图形模数单位而推导出更加多样的、造型变化丰富的家具形态，打破传统的家具样式，是一种更加鲜活和灵动的造型。而新的图形模数在推导过程中形成几个单元体，几乎每个单元体之间都可以进行重新组合形成不同的具备功能性的家具样式。

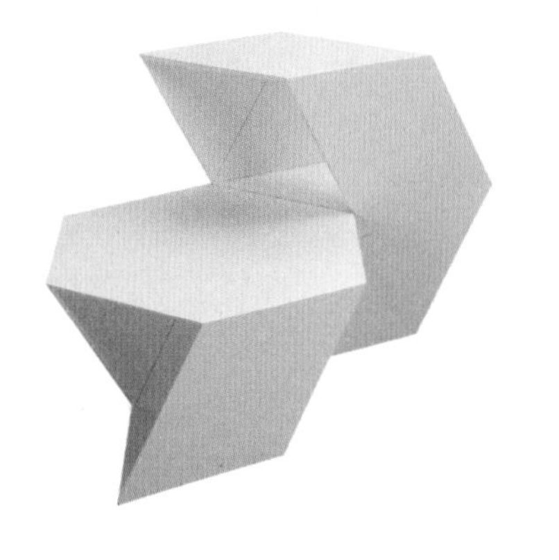

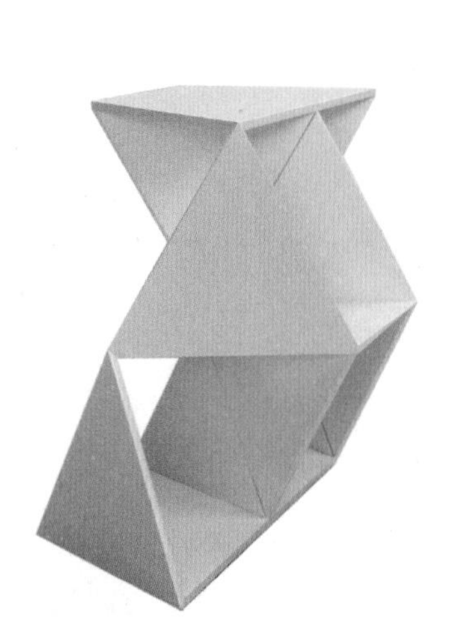

Variety—图形模数在家具设计中的运用研究

王沛璇

2070×1200×600

密度板 混油

清华大学美术学院

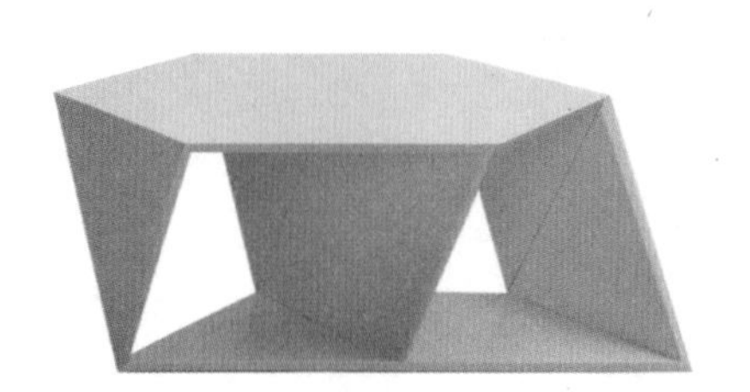

[飘浮 _ 休息体验椅]

作品灵感来源于荷叶，欲给人轻盈飘浮的体验。采用弹簧与木相结合的手法，使作品有别于以往的坐具的体验，给人以飘浮灵动之感。通过木板上方的孔洞可见坐具的结构，使作品增添了趣味性。作品可承重2~3 人，增加了互动性。

飘浮 _ 休息体验椅

梁济蕾 张浩

1400 × 750 × 520

板材 弹簧

清华大学美术学院

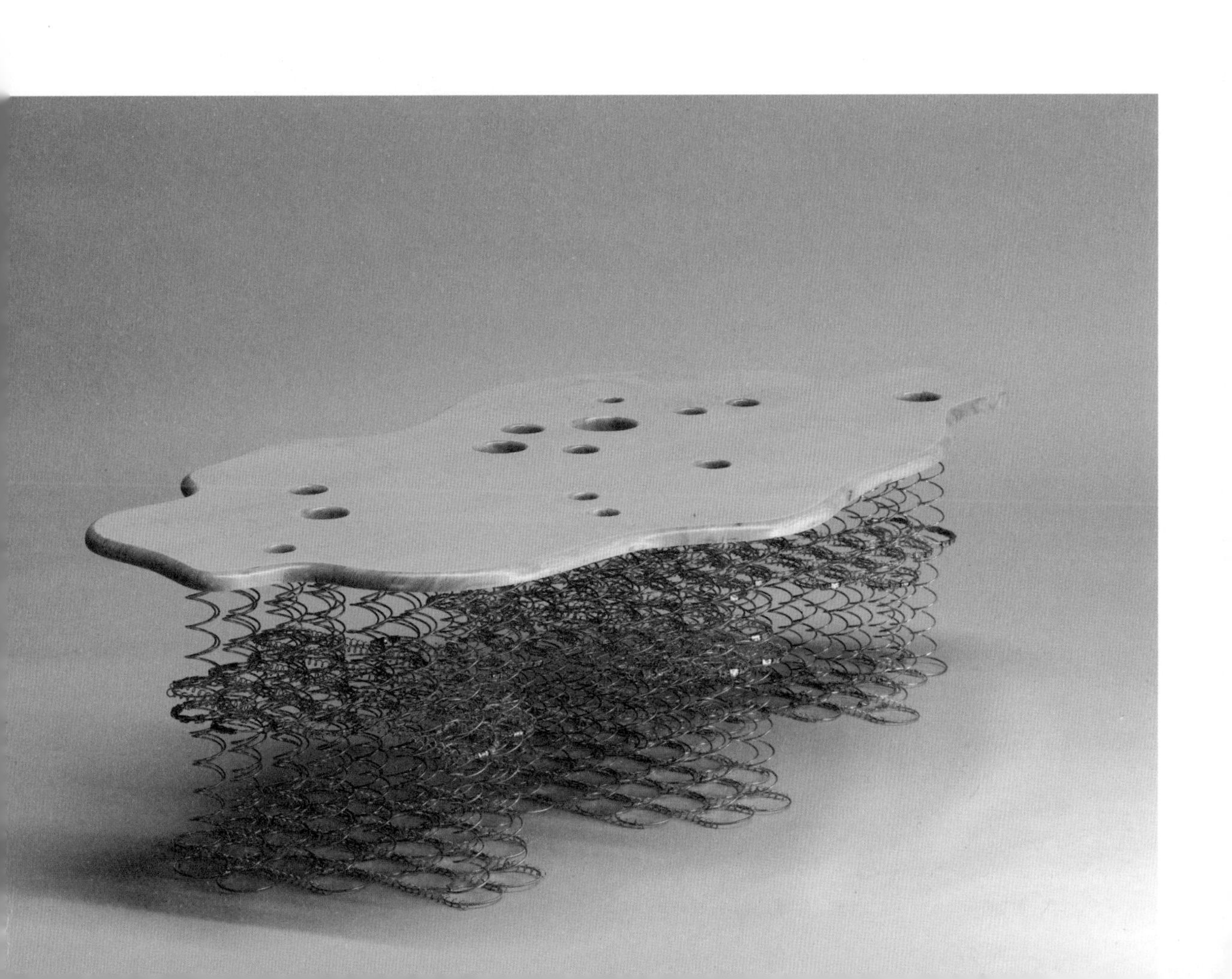

[椎形沙发]

锥形尖锐的感觉，与海绵坐具舒适的使用感受度形成强烈对比。因为家具在人们日常生活中往往扮演“冰冷”的角色，然而却承担了室内生活的重要作用，以此为出发点，以“锥形沙发”的感念诠释家具的意义。

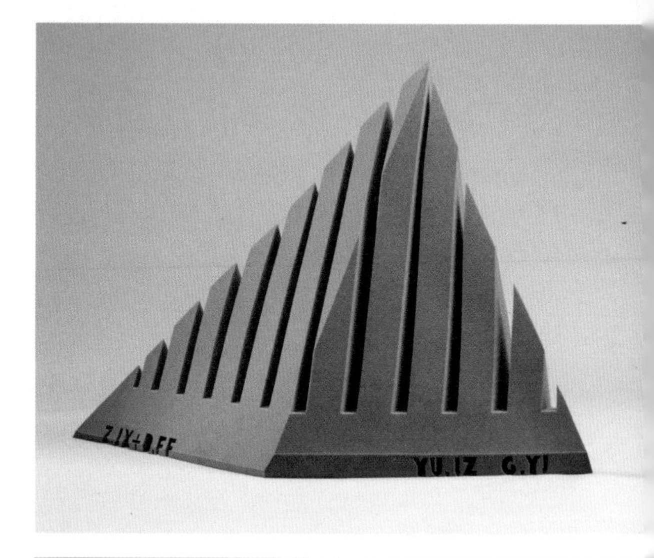

囍屏

何为 包佳

2400 × 1810

清华大学美术学院

[囍屏]

本设计源自双面开合的合页，巨大的“囍”字，不但是装饰，更是整幅的合页，使得此屏风有更多的开合形式，结果与形式的结合，使结构本身成为装饰的元素。

椎形沙发

赵嘉曦 邓斐斐

1550 × 1500 × 950

记忆海绵

清华大学美术学院

[父子椅]

以儿时的回忆，父亲骑着车，我坐在前面时被父亲包围的感觉为出发点，形态上是以孩子坐在父亲腿上时玩耍的互动方式，设计了一大一小两个前后关联的座椅，从而将这种抽象的回忆定格，通过摇椅的形式呈现出来，表达了父亲和孩子间的爱，同时也为忙碌的父亲提供了一个与孩子更好的交流空间。

父子椅

明杨 黄博

1400 × 500 × 750

板材

清华大学美术学院

[花 · 蕾]

“花 · 蕾”是一套可折叠金属桌凳。“花”代表扁平的状态，“蕾”代表收缩的状态。产品在满足功能的同时，折叠结构符合“便捷”的需求，花瓣的造型满足外观的需要。可用于户外，便于收放和移动；也可用于室内，节约空间。

花 · 蕾

魏欣然

450 × 370 × 370

550 × 640 × 640

金属

中央美术学院城市设计学院

[绽放]

这组作品的灵感来源是一种折纸结构。抽取了其中的几何元素，通过演变创造，挖掘其可能蕴含的家具功能，进行了一系列家具结构的设计与研究，并根据这种结构的形态取名为“Blooming”。

设计过程中涉及了大量的数理概念的运用，将几何学与家具设计有效地结合了起来。我希望通过运用几何学的原理分析现代生活方式，研究几何形态与家具设计的关系，设计出兼具美学的感性情感和科学的理性思维的家具，为消费者提供一种简约舒适的生活方式，充分展现现代家具的简洁、灵活与时尚。

绽放

刘维

970×980×780

540×530

金属 皮

中央美术学院城市设计学院

[飘逸椅]

飘逸椅体现的是一种境界，清新雅致，恬淡自然的一种感受。“破”除传统的束缚，传承其神韵。

飘逸椅

孔德政

530×630×740

铜 牛皮

广州美术学院家具研究院

[木马摇椅]

随着社会生活节奏的加快，人们每天不停地奔波于工作事业中，跟家人相处的时间越来越有限，跟家人的感情也愈加疏远，为了能让忙碌的人们在跟孩子有限的相处时间里更加亲密，设计了这款亲子休闲摇椅，通过同步的摇晃和近距离的接触，让孩子跟父母更加亲密更加默契，在有限的时间中融入无限的爱。椅子选用强度较大的水曲柳木材制作，造型简洁，结构安全稳定。

木马摇椅

尹建伟 郑德江 温宝龙

800×700×400

水曲柳

北方工业大学艺术学院

[竹光]

在中国，竹子不仅是一种物质资源，也是一种文化财富，它显示出了中华民族的自然文化性。当今世界面临着资源枯竭的困境，竹子奇迹般的生长速度，使其被人们视为一种天然的环保材料，竹粉作为由天然竹子制成的新型材料也备受认可。我们通过材料结合、温度测试等实验研究如何将竹粉应用到家居产品中。尽最大努力为环境争取呼吸空间，延续中国竹文化，将环保进行到底。

竹光

彭晶晶 苑春超

400×400×400

竹粉

中国美术学院设计艺术学院

[弹・竹]

竹子作为一种环保低碳，再生周期短的绿色材料，并没有在竹家具的设计上体现出竹材本身的优势。进行改良和拓展后的竹家具，可以做到设计简约流畅，兼顾传统与现代，实用与环保，更符合现代人的生活需求。所以我们从“模块化”和“可拆卸”这两个设计点入手，希望寻找一种可以体现竹材优势将其区别于其他材料的设计方式。这是我们设计的五把“弹竹凳”，用不锈钢和竹皮压成的单元件做结合，做到可批量化与可拆卸。争取最好的利用竹材的特性和做到现代竹制家具的简约及现代化。

弹・竹

丁宁　林瑞虎　杨子江

500 × 400 × 380

竹皮　不锈钢

中国美术学院设计艺术学院

遮面椅

杨玉丹 郑安祺 刘斯雅

2000×1000×400

实木 不锈钢 布艺

北京林业大学

材料科学与技术学院

[遮面椅]

留白，体现了一种“无即是有”的理念，通过作者精心设置的空白，让使用者参与其中，自行想象，而后境由心生。

主题围绕“境——留白”。我们很重视家具与人的“沟通”，希望能通过家具与使用者达成一种交流。

家具的整体造型简洁统一，在视觉效果上就是在一把颇具明式的椅子上盖了一块布。有遮挡就有好奇，人们不禁要想：白布下面是什么？也是一样的硬触感的椅子么？然而当人们的身体接触到家具的那一瞬间就能感觉到，这件家具和自己想象的有明显的不同。带着万千的想象和疑问去亲身感受，只有真正的坐上去之后才知道，这把椅子并不简单。视觉带入的第一印象与触感的冲突将给人们不一样的独特感受。

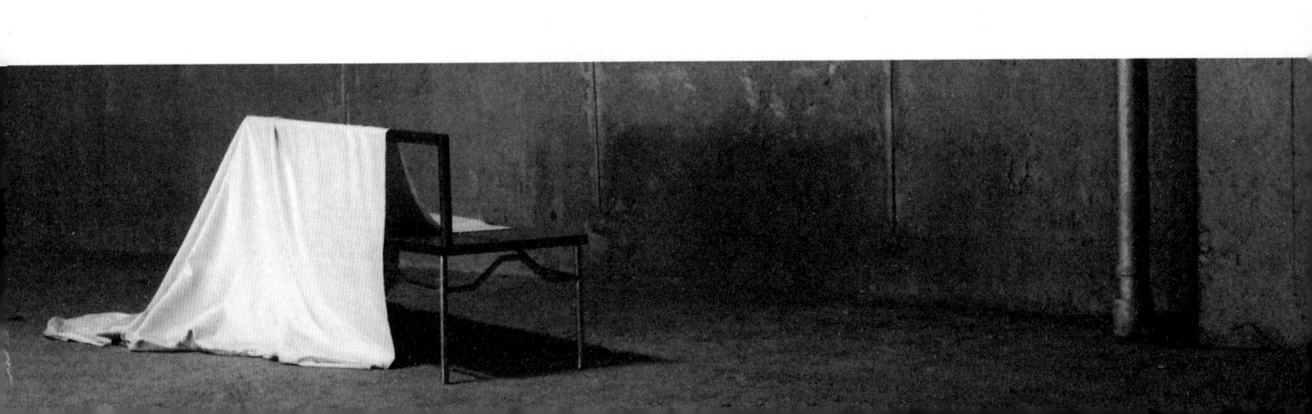

杜甫椅

兰柳

1500×600×600

木

北京理工大学设计艺术学院

[杜甫椅]

不要华丽的外表，不要复杂的材料，要的是灵动而富有诗意的境界……通过对杜甫一幅画的想象，利用简单的造型，使其成为一个富有弹性、充满诗意的坐具。旨在表达一种休闲雅致的生活意境，这种境界像杜甫的为人一样，不追名逐利，简单而执着……

自然造物 _ 旋凳

任向天

430×430×450

木

北京理工大学设计艺术学院

木 · 鱼

郑旭

480×480×360

碎木块 万向弯折管 玻璃

北京理工大学设计艺术学院

[木 · 鱼]

以“废弃再利用，绿色设计”为创作理念，采用大量的废弃碎木块作为座椅主体，在座椅的中心部分内置一个深6cm的孔洞，上部配有玻璃盖，入座时可盖上，平时可用来养鱼，孔洞内部用有机玻璃制作而成。根据木鱼的形态，从大座椅上衍生出一个小托盘，可放书本，可放杯子，利用万向弯折管与大座椅相连接，托盘在一定范围内可自由弯折，任意角度，使人与作品产生互动的同时也增加了趣味性，如果鸟瞰上方，还会发现座椅和小托盘所形成的圆和直线的形态，具有强烈的构成感，由此可见，废弃也可以演变成另一种艺术。

[自然造物 _ 旋凳]

此款凳子设计以自然为核心。整体外形如同木桩，简约、自然。几片象征时间的“年轮木片”，层层堆叠，由木轴连接，可自由旋转。让使用者充分感受到时间的流逝、自然的变化，并平添了旋转之趣，给空间增添一份自然造物的魅力。

[漆艺茶几]

漆文化已经有几千年的历史，随着朝代的更迭，漆所承载的精神内涵在演变中已渐模糊，无论以功用为目的的扩展还是附庸风雅的生活点缀，都无法掩饰早已逝去的灵魂，正像“落花”一样，所能留给人的只有惋惜、淡远和莫名的失重感。于是就捕捉“落花”的情感，截取“飘落”的片段，并将“零落成泥碾作尘，只有香如故”的意向转化为具体形态。让我们聆听传统与现代的对话。

漆艺茶几

王素朗

1200 × 1200 × 380

实木 ABS 聚氨酯 大漆

北京工业大学艺术设计学院

简

盛春亮

330×330×430

梓木 亚克力

中南林业科技大学

家具与艺术设计学院

[简]

设计立足于继承中国优秀的传统家具，同时结合新材料、新结构、新技术，使之更适合现代人的生活感受。现代新型材料亚克力在传统家具中的运用、传统家具的榫卯结构与现代家具连接方式的结合以及现代美学思想对传统家具造型形式的简化提炼，使之构件简单，拆装容易，便于运输，适应于现代人们的生活方式。抽象简化的内翻马蹄形腿简练含蓄，加之亚克力与金属连接件的运用又将现代世界文明和中国传统文化完美融合，形成了一种全新的、既不失传统文化也不失时代感的现代中式家具设计。

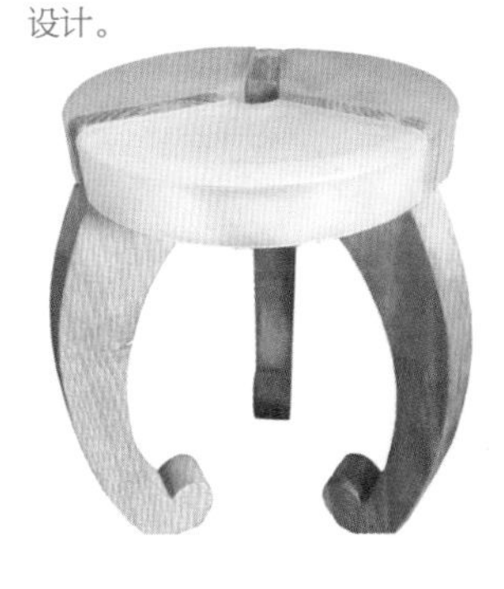

[睿之椅]

本设计是汉字“睿”的变形。意图表达中国家具智慧与内涵。结合汉字起承转合的书法技巧，在处理“睿”字的变体时考虑汉字特点和节奏，形成了二维字形的三维转化。整个设计蕴含着古朴含蓄的意境。

睿之椅

孙睿

600×550×1200

实木 有机玻璃

首都师范大学美术学院

华颂集团 HUASONG GROUP

广东华颂集团秉持“美化生活，留下印记”的核心使命，经过多年的发展，已成长为中国家具行业最具竞争力和影响力的创新标杆企业，华颂集团致力于为全球家庭提供多风格家具制造服务，并积极构建东西方高端家具全产业链结构体系。目前，已成熟孕育出业内知名欧式高端家具品牌“金凯莎”、中式高端家具品牌“名鼎檀”、现代中式家具品牌“檀颂”和“金艺尊”。华颂集团在“创造顾客、服务社会、幸福员工”的企业宗旨引领下，为消费者提供高品质生活服务，关注员工成长，履行企业社会责任，贡献于民众的生活富足和社会的繁荣稳定。

[檀颂新中式家具]

1：檀颂“和”系列产品以国标红木中的“刺猬紫檀”为原材料，提炼中国建筑与传统文化特点装饰元素结合现代家居空间结构进行产品设计，结合明代家具的制作特点，用传统的榫卯结构制作完成。该系列意将中国传统艺术元素与现代家居生活方式完美地融合在一起，使产品唯美、典雅，同时在合理利用空间结构上，做到大气与灵秀。

2：檀颂“意”系列产品精选名贵高档硬木“非洲酸枝”打造，设计理念源于明式风格精髓，借用后现代艺术风格为主要的艺术形式。自由，随意以及人文精神是“意”系列主张生活方式的设计理念来源，在凸显明式家具精、巧、简、雅的中国文人神韵的同时，产品更多地融合了现代家具组合性与功能性，造型灵秀纤巧，功能组合多变。

【檀颂·琴椅】

【檀颂·悦台】

【檀颂·书笼】

【檀颂·明椅】

图书在版编目（CIP）数据

境·家具设计展作品集／境·家具展组委会编著．
北京：中国建筑工业出版社，2014.8
ISBN 978-7-112-17048-7

Ⅰ．①境…　Ⅱ．①境…　Ⅲ．①家具－设计－图集
Ⅳ．① TS664.01-64

中国版本图书馆CIP数据核字（2014）第142188号

责任编辑：胡明安　姚荣华
责任校对：陈晶晶　刘梦然

境·家具设计展作品集
境·家具展组委会 编著
*
中国建筑工业出版社出版、发行（北京西郊百万庄）
各地新华书店、建筑书店经销
北京圣彩虹制版印刷技术有限公司制版
北京圣彩虹制版印刷技术有限公司印刷
*
开本：787×1092毫米　1/16　印张：6¼　字数：150千字
2014年10月第一版　2014年10月第一次印刷
定价：65.00元
ISBN 978-7-112-17048-7
（25781）